360° 全景探秘

最不可思议的亿年恐龙

最 不 可 思 议 的 亿 年 恐 龙
ZUI BU KE SI YI DE YI NIAN KONG LONG

360度全景探秘

最不可思议的

亿年恐龙

主编 李 阳

天津出版传媒集团

天津科学技术出版社

图书在版编目（CIP）数据

最不可思议的亿年恐龙 / 李阳主编. —天津：天

津科学技术出版社，2012.4（2021.6重印）

（360度全景探秘）

ISBN 978-7-5308-6978-9

Ⅰ.①最… Ⅱ.①李… Ⅲ.①恐龙—普及读物

Ⅳ.①Q915.864-49

中国版本图书馆CIP数据核字（2012）第078806号

360度全景探秘——最不可思议的亿年恐龙

360DU QUANJING TANMI —— ZUI BUKE SIYI DE YI NIAN KONGLONG

责任编辑：王　璐

责任印制：刘　彤

出　　版：**天津出版传媒集团**
　　　　　天津科学技术出版社

地　　址：天津市西康路35号

邮　　编：300051

电　　话：（022）23332399

网　　址：www.tjkjcbs.com.cn

发　　行：新华书店经销

印　　刷：永清县晔盛亚胶印有限公司

开本 690×940　1/16　印张 10　字数 200 000

2021年6月第1版第5次印刷

定价：35.00元

目 录

一、恐龙孕育之谜

❋ 恐龙诞生之谜 ▷▷▷▷

◆ 恐龙蛋

　　提起恐龙蛋，也许很多人并不陌生。在中国河南西峡地区发现了大量的恐龙蛋，许多还被化石贩子走私到国外；更有甚者，一些学者还声称从其中的一枚蛋里提取出了恐龙的DNA(遗传基因)。一时间，恐龙蛋成了各种报刊、各地电视台和广播电台竞相炒作的热门话题。

　　西峡地区发现的大量恐龙蛋确实引起了学术界和社会的极大反响。其发现化石的地点遍布西峡县以及相邻的内乡县和淅川县的15个乡镇、57个村。在西峡、内乡两个县的3个乡镇、4个村，还发现了恐龙骨骼化石。恐龙蛋和恐龙骨骼化石的覆盖面积达8 578平方千米，发掘出的恐龙蛋超过5 000多枚。如此大量的发现在世界上确属奇观。这些恐龙蛋及恐龙骨骼化石的发现，不仅为研究恐龙及恐龙蛋的分类提供了材料，而且为进一步了解恐龙的繁殖方式，研究古地理、古气候、古地貌、古生态环境以及地层学和埋藏学提供了大量的宝贵信息。

但是，从恐龙蛋里提取出了恐龙DNA的报告却在一开始就引起了许多科学家的怀疑。据说，提取出恐龙DNA的这枚蛋在一次搬运时不小心摔破了，结果发现蛋壳内的物质是柔软的絮状物，而不是一般恐龙蛋内部那种由泥岩或砂岩构成的坚硬物质。

因此，有关人士就认为这种柔软的絮状物是原来恐龙蛋里的蛋黄、蛋清等有机物没有完全分解而形成的产物。据此，他们就在一间原来用于植物生物化学实验的实验室里进行了提取工作，提取出了某种DNA的片段。然后，他们用这种DNA片段与一些已知动植物的DNA进行了对比，根据对比结果的不同而宣布，他们提取出了某种恐龙的DNA。

引起许多学者怀疑的是，那些"柔软的絮状物"是蛋黄、蛋清等有机物没有完全分解而形成的产物吗？要知道，恐龙蛋在地下埋藏了至少已经6 500万年，而从西峡地区的地质状况来看，埋藏恐龙蛋化石的地层均为泥岩或粉砂岩，并没有能够有

◆ 恐龙蛋化石

效保护有机质免于分解的环境因素。因此，在这么长的时间里，恐龙蛋中原来的有机质早已分解殆尽，而蛋壳内的物质，则在这漫长的岁月里经过置换充满了与周围埋藏环境一样的矿物，而且已经石化。那"絮状物"很可能是地层中常见的方解石矿物在蛋壳内结晶出的晶体。如果你去北京动物园西面不远处的中国古动物馆看一看，在二楼展厅内你就可以看到一枚剖开的恐龙蛋，它的内部因为完全被方解石晶体填充而显得晶莹剔透。而那枚蛋之所以"柔软"，则很可能是埋藏在地下时经历了地下水的浸湿，或者是在出土后被水或潮湿的环境湿润所致。既然这枚蛋可能遭到过水的浸染，而且已经破碎，那么被含有某种DNA成分的有机质沾染的可能性就很大。至于提取者用这种DNA片段与一些已知动植物的DNA进行了对比，根据对比结果而宣布提取出的是某种恐龙的DNA，结论也不可靠。因为，只有你将这种DNA片段与所有的已知生物进行了对比而结果不同，你才能说它属于某种已经灭绝的或是还没有被发现的生物。而离这一步，他们的工作差得太远了。

后来，有些科学家把那段所谓的"恐龙DNA片段"与更多种生物的DNA进行了对比，发现其序列竟然与某种低等的藻类植物相类似！

现在，"恐龙DNA"事件在科学界已经如过眼云烟般的没有任何影响了，但是正常的恐龙蛋研究依然在不断地深入。科学家利用电子显微镜等现代化的仪器对恐龙蛋的蛋壳进行了超微观的观察以及化学分析研究，知道恐龙蛋壳中大约93%的成分是碳酸钙，由一层有机质基层和一层方解石质构成。这种双层结构与现代鸟类的蛋壳相似，能够有效地防止蛋内的水分蒸发，从而保护蛋中的胚胎能够正常发育。由此证明，恐龙在当时可以在十分干燥的环境里繁殖后代。

在中国西峡地区和蒙古国的一些地区出土的个别恐龙蛋中，科学家还发现了胚胎或是小恐龙"婴儿"，这不仅使科学家能够知道这种恐龙蛋是什么恐龙下的，还为他们探索这种恐龙的发育提供了线索和依据。

近来，中国科学家还在产于广东南雄和山东莱阳的恐龙蛋中发现了蛋壳病变的现象，从而为研究恐龙大灭绝问题提出了新的观点和依据。

随着恐龙蛋的继续发现和研究的继续深入，恐龙蛋还将为科学家解开一个个自然之谜作出贡献。

恐龙孕育方式之谜 ▶▶▶▶

恐龙属于爬行动物,现代爬行动物的生殖方式是卵生。所谓卵生,就是母体产生受精卵,卵在外界条件下孵化,胚胎在发育过程中,全靠卵内的卵黄作为营养物。恐龙是否也是卵生呢?人们以前只能推测是这样,因为谁也没有见过恐龙蛋。后来,1925年人们第一次在蒙古戈壁滩上发现了原角龙的蛋化石,才使人信服恐龙确是卵生动物。这批恐龙蛋与原角龙的骨骼化石埋在一起,同时还在蛋中发现了原角龙的胚胎。

我们这里所说的恐龙蛋实际上已是它们的化石。蛋里面原有的成分在石化过程中已被分解、置换,填充了矿物质。我们从外面所看到的仅仅是它们的钙质蛋壳。有的蛋壳完整地保存了下来,有的已破裂成碎片。

恐龙蛋的形状、大小、蛋壳表面的细微结构都是分类的依据。形状从圆形到几乎为圆柱体，各种形状都有，大小从几厘米到50多厘米不等。恐龙蛋的表面，有的光滑，有的粗糙。有的恐龙蛋内还有保存很好的胚胎。有的蛋单个散放，有的蛋是成窝的。一窝恐龙蛋少则几枚，多则几十枚。这种窝叫做"蛋巢"。有的蛋巢内有完整的蛋，有的只有破碎的蛋，有的除破碎的蛋壳外，还有孵出的幼龙的骨骼化石，并且在巢外，还发现了该种成年恐龙的骨骼和脚印化石。形形色色的恐龙产出了多种多样的蛋。现在已经发现了兽脚类、原蜥脚类、蜥脚类、角龙类和鸟脚类等多种类别的恐龙所产的蛋。

不同类型的恐龙蛋巢，反映出恐龙繁育后代的复杂的行为习性。1970年和1980年，美国科学家先后在蒙大拿州一处叫做"蛋山"的地层中发现了许多的恐龙蛋巢。这些蛋巢是由鸟脚类恐龙中的鸭嘴龙类和棱齿龙类留下的。科学家们对这些蛋巢进行

了研究，了解了这些恐龙的繁殖习性，使我们能够描绘出蛋山上的情景。

在恐龙繁殖的季节，成群的成年鸭嘴龙和棱齿龙便来到这里，"选夫择妻"、"谈情说爱"，经过交配后，"夫妻"双方便忙着筑巢产卵。它们在地势较高而且向阳的地方，寻找松软的土地，用带爪的前肢在地上掘出一个圆形的坑，扒出的泥土垒在坑的周围，使坑的边缘隆起，高出地面，其形状就像一个火山口，可以防止雨水流进窝里。坑的大小跟将要产在其中的蛋的数量相称，以鸭嘴龙为例，每窝要容纳20多个蛋。挖好坑后，再回填上一些松土，巢就算筑成了。接下来，恐龙"妈妈"蹲在巢上向巢内产卵，产下的蛋钝端在上，尖端向下，呈放射状斜插在松软的泥土里，每产一个蛋就要稍微转动一下位置。产完后，再用一层薄土或植物叶片将蛋盖起。然后，这些将要做父母的恐龙便轮流守候在窝旁，提防敌害的掠食，直到孵出幼龙来。

棱齿龙的幼龙出壳时，四肢关节已经发育得比较好了，可以在父母的带领下，到窝外活动。可鸭嘴龙的幼仔孵化出来时，肢体关节发育还不充分，不能支撑其身体自由活动，必须继续留在窝内，由父母养育照料。这时的父母可辛苦了，每天都要轮换着去找回大量的食物。它们先将食物嚼碎吞下肚里，然后再把半消化的食物吐出来，喂养它们的小宝宝。同时，还要随时提防肉食性恐龙对幼龙和自身的伤害。直到幼龙能够跟随父母自由活动，它们才举家离开蛋山，四处觅食。由于这类鸭嘴龙具有出众的养育幼龙的本领，所以，人们给它们取名为"慈母龙"。

恐龙在筑巢产卵后，是否有像鸟类一样的孵卵行为？这个问题现在已经得到了肯定的回答。美国纽约自然历史博物馆的研究人员与蒙古科学家组成的联合考察队，自1990年以来，一直在戈壁沙漠从事野外发掘，它们在一处名叫乌哈—托尔戈特的地方发现了一处保存异常完好的恐龙化石。这是生活在7 000万年前的一种食肉恐龙的化石。化石清楚地显示出恐龙死前正在孵卵：它的后肢叉开蹲在窝上，窝内有15枚恐龙蛋，它的前肢微微弯曲，前爪分开并伸向后方，好像在护着自己的卵。这个情景，与今天

的鸵鸟和鸽子、母鸡孵蛋的方式并无两样。从化石上看，这只恐龙很像鸵鸟，只是它的尾巴较长而脖子更短。看来，恐龙孵卵、育子的行为与鸟类相似，还是很复杂的呢。

至于恐龙究竟是怎样产卵，又是怎样将小恐龙孵化出来，都还只是人们的猜测。

❋ 恐龙蛋趣谈 ▶▶▶

恐龙产的卵，都具有坚实的外壳，所以可保存为化石。恐龙蛋大小不一，小的3厘米左右，大者长径达56厘米，形状通常为卵圆形，少数为长卵形或椭圆形，可成窝保存。

恐龙蛋的发现

恐龙蛋化石最早是在法国南部发现的。1869年Matheron第一次描述了在Rognac的三叠径层中找到的两块碎蛋片；1877年Gervais对此做进一步地研究，发现它们的结构和龟鳖类的卵最为接近，因而认为是属于一个未知种属的爬行动物的蛋。随后又在Rognac发现了另一个蛋化石，其显微结构也和龟鳖类的蛋很相似。壳的细微结构与上述所发现的标本一样，和爬行类的龟蛋很相似，基本上是由很多细小的圆锥形的乳突组成，乳突的末端向外突出，在表面上形成

了密集的瘤状小突起纹饰。由于这些蛋化石比较大，有的直径大于20厘米，因此被认为是恐龙的蛋。

各地的恐龙蛋

中生代恐龙蛋化石是一类很稀有而又很特殊的化石，恐龙蛋在亚洲、非洲、欧洲和北美等地都有发现，而以中国发现的最为丰富。中国是产恐龙蛋的大国，无论在蛋的品种上，还是在数量上都是令世人瞩目的。河南南阳，广东南雄、始兴、惠州、河源，江西信丰、赣州，山东莱阳，四川，内蒙，江苏宜兴，湖北安陆等都是重要的恐龙蛋产地。

河南南阳西峡盆地是中国目前发现的年代最早的恐龙蛋化石之地。西峡盆地的恐龙蛋化石最早由河南省地质局12队和中科院古脊椎动物与古人类研究所于1974年发现，

目前已确认7个蛋化石埋藏点，西峡盆地的蛋化石主要分布在西峡县的丹水镇、阳城乡和内乡县的赤眉乡等地，面积大于40平方千米。恐龙蛋化石常呈窝状分布，排列有序，每窝10多枚至30多枚不等，偶见50枚至70枚者，到1993年6月已发现恐龙蛋达数千枚，估计整个分布可达数万枚，其数量之多为世界所罕见。尤其是恐龙蛋化石原始状态保存完好，基本上未遭后期构造运动的破坏。除少量蛋壳受岩层挤压底面略有凹陷外，大部分完整无损，这在世界上也是前所未见的。

西峡盆地所发现的恐龙蛋，有的如鸡蛋大小，直径4～6厘米，有的长径达40～50厘米，以扁圆状占多数，有的形如橄榄，长达50厘米以上。西峡盆地恐龙蛋类型全、种类多，已发现有杨氏蛋、蜂窝蛋、圆形蛋、副圆形蛋、似滔河扁圆蛋、安氏长形蛋、瑶屯巨形蛋、长形蛋、似金钢口椭圆形蛋9种类型。

广东南雄盆地是中国恐龙化石和恐龙蛋化石最丰富的地区之一。位于南雄盆地西端的始兴县

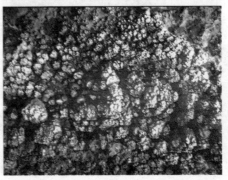

所发现的化石，分布于沿浈江两岸长约20千米、宽约4千米连绵起伏的小山上。到目前为止，已列入登记的化石点有113处，其中恐龙化石点32处，恐龙蛋化石点73处。

始兴县发现的恐龙蛋化石，保存完好，有2～3枚至10多枚、20多枚，甚至30多枚一窝的。历年已挖掘出的恐龙蛋在200枚以上。恐龙蛋有圆形和长椭圆形两种，个体大小各异。据统计，圆形蛋占蛋总数的70%左右，长椭圆形蛋占30%左右。

圆形蛋：形状如"铅球"，有的因埋藏过程中受到挤压略呈扁圆形，表面光滑，呈褐红色。蛋的直径7～13厘米，大多为7～9厘米。蛋壳厚薄不匀，从1～3毫米不等。其中，发现保存较好、排列规则、数量较多的有两窝，一窝33枚，另一窝35枚。

长椭圆形蛋：外表有凸出的长条纹或蓖点纹，蛋的直径范围，长径8～19厘米(大多8～13厘米)，短径5～7厘米，蛋壳普遍比较薄，厚1～1.5毫米。其中，15枚一窝的保存得最完整，呈内外分层放射状排列。

江西赣州信丰盆地的恐龙蛋在上白垩纪红砂岩层中保存有较多的散碎蛋壳化石，也有单个完整的以及20多枚成窝的。以壳饰为粗糙丘点状（粗皮蛋）和点线状（长形蛋）为主。1976年在赣州郊区采获两枚带胚胎的长形蛋化石，长径18厘米，短径7.5厘米，壳厚1.8毫米。粗皮蛋是肉食类恐龙的蛋，观赏价值较高。

　　内蒙古二连查干诺尔和阿拉善吉兰泰盐池一带，素有"恐龙公墓"之称，不仅出土了门类众多的恐龙骨骼化石，而且还有恐龙蛋出土。20世纪70年代，在吉兰泰盐池北部毛尔图鄂博、查汗敖包等地找到3窝27枚恐龙蛋化石及大量蛋壳碎片，均埋藏于白垩纪紫红色砂岩中，每窝相距100～200米。蛋的排列没有一定的规律，与现代的龟鳖类相似。蛋呈短椭圆形，长径14.2厘米，短径13.8厘米，蛋壳厚1.12～1.68毫米，大小相差不多。

　　1989年，在乌拉特后期白垩纪砂岩地层中，发现1窝共13枚完好的恐龙蛋化石，呈放射状排列。排列方向是大头朝里，小头朝外(与江

西赣州发现的1窝13枚的恐龙蛋化石排列方式相似）。蛋形与吉尔泰所发现的不同，为长形蛋，长径17～18厘米，短径7～8厘米，壳厚1～2毫米，蛋的两端大小接近，一端稍圆，略大些；一端稍尖，略小些。

山东莱阳的恐龙蛋可以分为两种，一为短圆蛋，蛋形成短圆形，长径为8～9.5厘米，短径为6～7.4厘米，壳厚2～3毫米，壳面具小丘状的凹凸；一为长形蛋，蛋形长而扁，一端钝，一端略尖，长径可达17厘米，短径约为6厘米，壳厚1～2毫米，壳面粗糙，具虫条状刻纹。

完整恐龙蛋（特别是含胚胎恐龙蛋）的发现，为研究恐龙的生态、生殖习性和灭绝原因，提供了实物依据，具有重要的科学研究价值。

二、恐龙种族之谜

❀ 马门溪龙的研究之谜 ▶▶▶

◆ 马门溪龙

恐龙研究专家运用先进的CT技术，对马门溪龙化石的头骨进行了分析，在对马门溪龙的脑腔大小、形态、结构分区等详细数据进行研究的基础上，得出了结论：马门溪龙的颈部并不像学术界原来认为的能伸得像长颈鹿那样长。这些信息为学术界提供了宝贵的素材，尤其是对恐龙古神经学及牙齿替换规律的研究极具参考价值。

蜥脚类恐龙以其体躯庞大成为恐龙中引人注目的类群，马门溪龙是目前出土的蜥脚类恐龙化石中保存较好的标本。

从20世纪70年代开始，学术界普遍认为，蜥脚类在现实动物中最好的类比对象是长颈鹿——长长的颈子可以扬起来，伸向高处，去啃食高大乔木的细枝嫩叶。这一观点通过各种恐龙的复原图画广为流传。不少博物馆受其影响也纷纷改换姿态，把长颈恐龙的颈部竖得很长，马门溪龙、峨嵋龙等具有细长颈肋的恐龙标本在装架时往往被设计为"昂首阔步"。

在对马门溪龙的头骨进行CT分析后，其头骨反映出的骨骼特征清晰地表明，马门溪龙长长的颈肋像石膏夹板一样将几节颈椎

Z 最不可思议的亿年恐龙
ZUIBUKESIYIDEYINIANKONGLONG

"捆"在了一起。一旦把长颈扬起来，并呈"S"状弯曲，那么在弯曲幅度较大的地方，尤其是在颈的后部，颈部肋骨就会刺穿颈部皮肤等软组织，对身体造成重度伤害。因此，科学家们认为，马门溪龙的长颈不可能举得很高，比较可能的是以低缓角度斜伸出去，头在空中的适宜高度不会超过其肩高两米。

在对恐龙齿腔做CT扫描时还发现，马门溪龙的牙齿替换

具有连续性，新牙的生长与老牙的齿根吸收是同时进行的；齿根吸收越多的老齿，其齿冠的磨蚀痕迹也越明显。其牙齿的磨蚀痕迹还显示，这种植食性恐龙的食料可能较为粗糙。

CT技术即为计算机辅助断层扫描技术，最早用于医学对人体病变的检测分析，近20年来被运用到古生物化石的研究上，但将这一技术运用于蜥脚类恐龙化石的头骨分析在中国国内尚属首次。

保存最完整的蜥脚类恐龙化石——马门溪龙是恐龙中最引人注目的类群，以体躯庞大、头小、颈长、尾长、四足行走为识别特征。马门溪龙是目前出土的蜥脚类恐龙化石中保存最为完整的标本，主要生活在中侏罗纪至晚侏罗纪，在晚侏罗纪尤其繁盛，化石丰富，进入白垩纪则走向衰亡。因长期缺乏可靠的头骨及全面的描述，学术界对马门溪龙的分类位置一直众说纷纭。

　　从马门溪龙头骨的内部构造看，其脑腔非常小，经测量仅有78毫升，如此小的脑子与其庞大的体躯相比，差异极其悬殊，智力不可能发达。但马门溪龙的眼眶内具有巩膜环，可以调节光线，估计视力良好，可以了解大范围内的食物和敌害等情况，从而提高了对外界的感知能力，对其生存是有利的。在恐龙中，马门溪龙是颈椎数目最多的一类。以头骨轻巧、头骨孔发达、鼻孔侧位、牙齿勺状、下颌瘦长为主要特征。中国的马门溪龙化石相当丰富，广泛分布于四川、云南、甘肃和新疆等地，在四川盆地至少有30个市、县发现过这类化石。

❀ 鱼龙之谜 ▶▶▶

在中生代的三叠纪，地球的生命史上有两件大事——第一件是恐龙的诞生，第二件就是有些原本陆生的爬行动物又回到了海洋，成为海洋中的"龙"。这些爬行动物要重返广阔而深邃的大海，就必须解决如何用四肢在大海里游泳、怎样使肺在水中发挥正常作用以及如何在碧波万顷的大海中繁殖后代等问题。人们发现，凡是回到海洋中的几类水生爬行动物都很好地解决了上述三个问题。其中一类形态和生活习性都非常像鱼的鱼形爬行动物最为成功，那就是鱼龙。科学史一再证明：当人类发现一些过去从未见过的动物时，往往会做出错误的判断，只有通过不断实践才能做出正确的结论。人们对鱼龙的了解也是这样。

◆ 鱼龙

鱼龙的发现

早在1708年，就有一位自然科学家

在一本著作中描述过他在瑞士苏黎世发现的两个黑色的脊椎骨。实际上这是鱼龙的，却被误认为是人的脊椎骨。与此同时，一位自然史研究者在同一地点附近找到了相同的脊椎骨，但他又误认为是鱼类的。1814年，英国有一位年仅12岁的小女孩叫做玛丽·安宁，她第一次发现了完整的鱼龙化石。安宁家境贫寒，从小就跟随父亲以拣拾海滨的贝壳或从岩石里冲刷出来的化石为生。这使她成为一位采集化石的能手。1828年英国发现的第一具翼龙标本，也是她找到的。她后来成为首次发现禽龙的曼特尔的妻子。也可以说，1822年曼特尔首次发现恐龙时，她起了很大作用。

鱼龙的特点

鱼龙最早出现于三叠纪，在以后的侏罗纪和白垩纪都有发现，但以侏罗纪最多。典型的鱼龙身体是流线型的，皮肤裸露，适合游泳。由于颌骨的伸长，它的头骨又长又大。在它的长嘴中，长有许多大而尖锐的牙齿，最多的可达200个。它的视力良好，眼睛很大，有用来保护眼睛的巩膜。在其他爬行动物中，管听觉的镫骨都很小，而鱼龙的镫骨却比较大，表明它有灵敏的听觉。所以有人夸张地说，鱼龙是"眼观六路、耳听八方"的海上霸王。它的鼻孔长在头顶后方，有利于在水面上呼吸。它的四肢已变成像船桨一样的鳍脚（又称桡足）。成年鱼龙的脊椎骨很多，可多达200多个，但是有2/3的脊椎骨是尾椎，越向尾部越小。它有一个像鲨鱼那样的尾鳍，近尾部的尾椎急剧向下歪，形成倒歪形尾。不同地质年代鱼龙的尾鳍有不同的形状。比如三叠纪中期鱼龙的尾鳍长而低矮，侏罗纪早期鱼龙的尾鳍则是半月形

的，下部比上部大。鱼龙有一个较大的三角形的背鳍，是它游泳时保持身体平直的稳定器。有人认为背鳍里面有支撑物，有人认为没有，但它至少和鲸一样，具有弹性组织。鱼龙靠鳍脚和尾巴在水中游动，游动速度可能在每小时40公里以上。平滑的皮肤，有助于它在水中游泳。

鱼龙吃什么

最近在英国的一个侏罗纪早期的地层里，找到一条完整的鱼龙化石，它的牙齿纤细尖利。科学家分析这种鱼龙应与现生大型鲸类和一类滤食性鲨鱼相似，以捕食小型鱼类或一些虾类为生。大多数鱼龙都有长而尖锐的牙齿。其中，有的可能把嘴插入岸边的淤泥，以便寻找食物，有的则在游泳时左右摆动头部，以便捕捉身边的鱼类。有人检查了鱼龙的胃部，发现它的食谱有鱼、虾、贝类、鱿鱼等，偶尔也发现过翼龙。它的胃部有胃石，以帮助研磨硬的有壳食物。

鱼龙的种类

　　粗看起来，鱼龙的样子都差不多，但仔细观察它们的外部形态和内部解剖结构，还是有较大的区别的。从大小来说，鱼龙一般有两米长，但有的却大得多。在美国内华达州发现的一种鱼龙有15米长，是目前已知的最大的鱼龙。而出现于三叠纪中期的混鱼龙是鱼龙家族中的"侏儒"，短的不到1米长，最大的也只有两米多。它头长脖子短，样子很像现代的海豚。它的四肢已变为善于游泳的鳍状肢，即鳍脚。它的尾鳍长而低矮，有一个小的背鳍，前肢比后肢长。它嘴里的牙齿与典型的鱼

龙不同，典型的鱼龙的牙齿成排地长在牙槽内，而混鱼龙的牙齿则单个地嵌在牙窝内。在三叠纪中期，还生活在海洋里的短头鱼龙，有短而粗的头骨，与典型的鱼龙的长而细的头骨形成鲜明的对比。在它的下颌骨上有几排像钉子或纽扣一样的牙齿。它虽然头短，但四肢比同时代的任何鱼龙都要长。在北美经常发现的凹椎龙，身长可达10～14米。鱼龙大家族中最常见的就是侏罗纪晚期的鱼龙，前面提到的典型的鱼龙基本上是以它

为代表的。它的外形很像现代的海豚，无明显的颈部，躯体相对较长，个体有0.3米一直到9米多。它的鳍脚的长度和宽度显著地增加，尾鳍强烈地下弯，与混鱼龙恰好相反。与它亲缘关系较近的眼龙，以大眼睛而得名，侏罗纪晚期海洋中的鱼类很少能逃脱它的视线，最后不得不成为它的美餐。有一类鱼龙叫细瘦狭鳍龙，身体又细又瘦，但个体很大，有的竟长达12米甚至更长。总之，形形色色的鱼龙给中生代的海洋增添了绚丽多彩的景观和无限的生命活力。

鱼龙化石主要出现在欧洲的英国、德国、瑞士、意大利以及北美等地，亚洲的印度也有发现。中国也发现了三叠纪的鱼龙，它们是龟

山巢湖鱼龙、茅台混鱼龙、西藏喜马拉雅鱼龙。

龟山巢湖鱼龙是一种小型鱼龙，活着时也只有半米左右长。它的头是三角形的，有尖的嘴，有一对大而圆的眼睛。嘴内有许多异型牙齿，前面的牙齿小而尖，略微向后弯，后面的牙齿呈丘形，好像纽扣。脊椎骨的椎体较长，两端多少有些凹，已接近双平型。后肢小于前肢，前肢的指骨还保留着原始的四足类动物的指式，后肢趾都已变成鳍状的鳍脚。这种鱼龙发现于安徽巢县龟山，时代为三叠纪早期。这是迄今中国发现时代最早的鱼龙类化石。此后，在巢县又发现过一个完整的鱼龙，被定名为巢县陈龙。

茅台混鱼龙生存于三叠纪中期，是比较原始的鱼龙，在形态上还保留着许多原始的特征。与典型的鱼龙相比，它的头骨比较短，颞颥孔很小，脊椎骨椎体两端

深凹，肱骨短而宽。可惜这具标本只保存了部分脊椎骨和肩带。这种鱼龙发现于贵州茅台。

今日的喜马拉雅山白雪皑皑，异峰突起，山麓地带则森林茂密，郁郁葱葱。但在1.8亿年前，那里却是波涛汹涌、一望无际的海洋，与欧洲的古地中海相通，名为古喜马拉雅海。喜马拉雅山是后来才隆起的。在古喜马拉雅海中，生活着巨大的喜马拉雅鱼龙。这种鱼龙的外貌与今天的海豚和鲨鱼很相似。它体长十米多，嘴内有粗壮似扁锥的牙齿。整个头骨呈三角形，眼睛又大又圆。脊椎骨的椎体像一只碟子，两边微凹，整个脊椎骨就像拴在绳索上的一串碟子。它的四肢骨扁平，肩胛骨长，这都有利于游泳。纺锤状的躯体、桨状的四肢和强壮的尾巴，使它成为古喜马拉雅海中无可匹敌的快速游泳家。这种鱼龙发现于西藏聂拉木县的土隆与定日两地，时代为三叠纪晚期。

鱼龙怎样解决生殖问题

绝大多数爬行动物是卵生的，把卵产在沙子里或窝内，但鱼龙不能到陆地上产卵，也不把卵产在水里，而是像鲸和海豚一样，卵在体内孵化，直接在水里产下小鱼龙。在德国的霍耳茨马登附近分布着黑色的沥青质页岩，在那里不仅发现了300多条鱼龙的骨骼，而且找到了可用于准确地再现鱼龙外貌的皮肤化石。更重要的是，在发现的雌鱼龙体腔内找到了小鱼龙的骨骼。这样的化石标本共有20具左右。有人认为这可能是鱼龙同类相残的结果，但更多的人认为它们是母子关系。经过长期的争论，现在普遍的看法是，所有在成年雌鱼体腔内找到的小鱼龙的骨骼，除去胃腔中的以外，都是尚未出世，或即将问世的小鱼龙。有一种叫做四裂狭鳍龙的鱼龙，被发现时体腔内就有四条小鱼龙，其中有三条小鱼龙仍在体内，第四条刚要出世，头部还留在母体内。大自然的石化作用就像照相机一样，惟妙惟肖地把鱼龙的生殖情况记录了下来。通过对这些标本的研究，人们相信：小鱼龙的尾巴首先渐渐地由母亲生殖腔内伸出，但整个身体并不马上出来，直到小鱼龙已经熟悉使用尾鳍和鳍脚为止。整个过程可能要持续好几个星期。快出生的小鱼龙个体是比较大的。一条3米

长的雌鱼龙，它的子女在临近出世前长约0.5米。上述鱼龙"母子"化石和另外一些不同年龄的成年个体化石还告诉我们：鱼龙在生长过程中，头的大小变化要比身体的变化小。小鱼龙还在母体内时，头长平均为体长的1/2，初生时头长约为体长的1/3，成年个体头长为体长的1/4，老年个体的头长仅为体长的1/6。这个鱼龙"公墓"中的"母子"化石，为探讨鱼龙类的生殖情况提供了可靠的证据，证明鱼龙类是胎生的。

鱼龙类所有的成员也与恐龙一样，突然在白垩纪晚期从地球上消失了。

❁ 暴龙——暴蜥之王 ▶▶▶

　　暴龙可能是有记录以来生活在
地球上的最大型食肉类恐龙。它的
名字的意思是:残暴蜥之王。它是食
肉类最晚的一支。它身高大约5.6
米，15米长，大约5.5吨重，它具有
60个锯齿状边缘的利牙，有些达18
厘米长。它具有硕大的上下颚;仅
仅头颅就长达1.3米，它或许能够吃
下一整个人——假若那时候周围真
有人类存在的话。

　　巨大的暴龙号称是有史以来陆
地上最巨大的肉食动物，站起来身
高超过两层楼高，一口可以吞下一
头牛，奇怪的是暴龙前脚非常矮
小，和人的手臂差不了多少，因此
有些科学家认为暴龙无法捕食，只
能吃死尸。暴龙生活在7 000万年
前，是地球上存在过的体形最大的
肉食性恐龙。为了站立时能够支撑
庞大的身躯，它们一般前肢小而后
肢粗壮有力。

暴龙捕猎食物时，除了用它那满嘴尖锐的牙齿外，带有利爪的足部和粗壮的尾巴都成了它最佳的武器。从它粗壮的颈骨、脊椎骨和后腿骨判断：暴龙捕捉猎物时可能是后腿快步冲向猎物，再咬住猎物要害——可能是颈部或是腹部吧？等猎物死亡后，再吞食尸体。但有些学者认为，由于暴龙的体形过大，造成行动缓慢，对于一些行动敏捷的小型恐龙，未必捕捉得到，所以，暴龙平常可能是靠自然死亡的恐龙尸体过活的。

暴龙小档案：时代：白垩纪后期；地区：美洲；食物：肉食；种类：龙盘目兽脚亚目。

❀ 凶狠的异特龙 ▶▶▶

就体形而言，异特龙虽然比前面提到的暴龙略小一号，但是和暴龙比起来，异特龙具有比暴龙粗大、且更适合于猎杀植食恐龙的强壮手臂(前肢)。因此有部分科学家认为，异特龙才是地球有史以来最强大的猎食动物。

异特龙一般身长有11米，它们的体重大约2吨，生活的时代为侏罗纪后期，食物主要是肉类，生活的地区在北美洲、澳洲，它们的种类属于龙盘目兽脚亚目。

异特龙的下颚是咬合的，有些像蛇类；它可能吞食大块的肉类。在它三趾的前肢上有15公分长的利勾爪。

弯龙是侏罗纪晚期的大型食肉恐龙，体长7.5米，臀高约2米，重约1.5吨。头部特大，头骨长1米，牙齿不仅锋利，而且还有倒钩。上下颚可以前后移动，便于撕裂猎物。前肢细小，有3只带爪的手指，后肢高大粗壮，也有3只带爪的趾。在那个时期的地层里，科学家们发现了一些弯龙的骨头化石，头骨上有异特龙牙齿留下的深深痕槽，折断的异特龙牙齿也散布在四周。这表明地层记录了一次异特龙血腥的捕杀。

◆ 异特龙

三、恐龙幻想之谜

❀ 恐龙真的灭绝了吗 ▶▶▶

　　长期以来，在大多数人的印象中，恐龙是在6 500万年前左右被一颗大陨星撞死的似乎已成定论。但实际上，迄今为止，科学家们提出的关于恐龙灭绝原因的假想已不下十几种，比较富于刺激性和戏剧性的陨星说不过是其中之一而已。

有关学者提出下列原因：

（1）6 500万年前地球气候陡然变化，气温大幅下降，造成大气含氧量下降，令恐龙无法生存。

（2）恐龙是冷血动物，身上没有毛或保暖器官，无法适应地球气温的下降，都被冻死了。

（3）白垩纪末期可能下过强烈的酸雨，使土壤中包括锶在内的微量元素被溶解，恐龙通过饮水和食物直接或间接地摄入锶，出现急性或慢性中毒，最后一批批死掉了。

（4）地球上曾经有一段被子植物时期，这些植物含有毒素，恐龙吃它们吃得太多了，体内毒素聚集过多，都被毒死了。

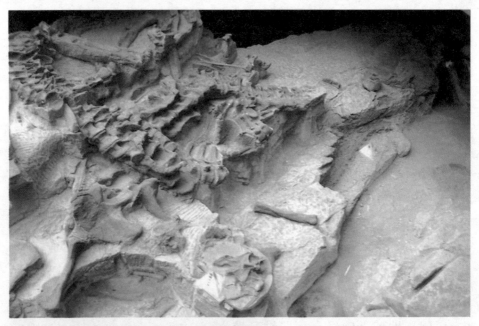

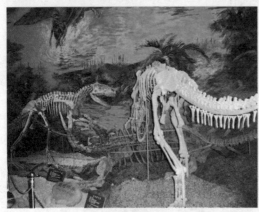

（5）恐龙年代末期出现了最初的哺乳类动物，这些动物属啮齿类，可能以恐龙蛋为食。这种小动物缺乏天敌，越来越多，最终吃光了恐龙蛋。

而小行星撞击论出现后，很快获得了许多科学家的支持。1991年在墨西哥的尤卡坦发现一个发生在久远年代的陨星撞击坑，这又进一步证实了这种观点。

但也有许多人对这种小行星撞击论持怀疑态度，因为事实是：蛙类、鳄鱼以及其他许多对气温很敏感的动物都顶住了白垩纪而生存下来了。这种理论无法解释为什么只有恐龙死光了，而别的生物或多或少有幸免于难的。

反对者中有人认为，疾病是导致恐龙死亡的真正原因，但恐龙并未因此灭绝。

◆ 梁龙

❀ 恐龙仍在天上飞吗 ▶▶▶

　　前不久，美国古生物学家罗伯特·巴克在一所大学里举行讲座时，发出了一个惊人之语：恐龙，并不是像我们所想象的那样全部灭绝了，现在它们还在天空飞翔！此语一出，举座震惊。

　　其实，这是20世纪70年代古生物学界爆发的那场论战的延续。当然也是罗伯特·

巴克毕生研究的最终成果。

国际古生物学界在20世纪后半叶，围绕着恐龙是不是热血动物、恐龙是否已灭绝展开了一场论战，认为恐龙不是变温的冷血动物而是恒温的热血动物。这一学说的提出，改变了古脊椎动物学上的许多陈旧提法。有研究者认为恐龙并未灭绝，鸟类就是恐龙的后裔，由此提出鸟与恐龙在分类学上应列为同一个纲。此外，对恐龙的生态及生活习性也提出了新的看法。难怪有人说，热血恐龙理论的出现，是古生物学上的一场革命。

其实，对恐龙化石的研究已经有160年左右的历史。"恐龙"这一名称最早是由英国的古生物学家欧文在1842年创建的。

人们把恐龙描绘成像蜥蜴那样的动物，这种观念为恐龙的灭亡提供了口实：在物种演变的竞争中，恐龙因其懒惰、迟钝，总之因为它是低级动物而输给了哺乳动物，于6 500万年前灭绝了。

这种观点直到20世纪60年代，一直在人们的看法和科学家的见解中占支配地位。美国耶鲁大学教授奥斯特罗姆在研究了一块1964年出土的恐龙化石后向传统学说发出了挑战，他认

为，恐龙非常善于捕杀猎物，因此，它必定是一种动作非常敏捷、非常活跃的食肉动物。

1969年他大胆地提出了看法，反对把恐龙看成是冷血和呆头呆脑的爬行动物。作为学生的巴克，认为老师奥斯特罗姆言之有理，于是才决定亲自对恐龙的生活方式进行调研。

你幻想过克隆恐龙吗 >>>

想必大家都还记得科幻影片《侏罗纪公园》为我们描绘的这样一幅场景：灭绝于6 500万年前中生代的恐龙复活了，这些庞然大物在世界上横冲直撞，藐视着一切自命不凡的生物。我们在感叹高科技带来刺激的同时，是否也曾想到过，恐龙真的能复活？

现代科学技术的发展，不仅在地球上诞生了人类闻所未闻的现代化工具，而且还"克隆"出了现代生命，诸如"克隆牛"、"克隆羊"等克隆品。于是，科学家们又把眼光瞄准了"克隆恐龙"这一伟大工程，那么，克隆恐龙真能成为现实么？就目前的技术而言，回答是否定的。因为恐龙从灭绝至今已经有近6 500万年的历史，作为克隆技术必须借助的基因片段已在恐龙的骨骼化石上难觅踪迹了，从而也就无法提取DNA的信息，复制

恐龙谈何容易。当然，科学家们也从不放过任何一点希望，他们想到了琥珀。我们知道，有些生物，它们在生活的过程中落入了松树一类植物所分泌的树脂中，这些树脂经历了几百万年，甚至几千万年的变化后就形成了琥珀。琥珀中可以有苍蝇、蚊子等一类昆虫，也可以有树叶、苔藓等一类植物，甚至还会有小型的青蛙、蜥蜴等。由于生物被封闭后产生了脱水，而树脂又具有很强的抗生素作用，因此，琥珀中的化石可以在相对稳定的状态中保存生物的一部分结构组织，这就是灭绝动物复活的希望所在。想象一下，有一只中生代的蚊子，吸取了恐龙身上的血液，而它又恰巧被树脂包住，连同树脂一起，成为琥珀，那么，机会就来了。如果我们能够从蚊子身上获取恐龙血液的一丁点ＤＮＡ片段，就可以得到相应的遗传基因，再通过基因工程技术，就能够获得恐龙血液的全部遗传基因。倘若蚊子、苍蝇体内的血液保存尚好的话，那么必须肯定它生前吸食过恐龙的血液，否则将会克隆出不是恐龙的怪物，而有关恐龙遗传信息的密码今天

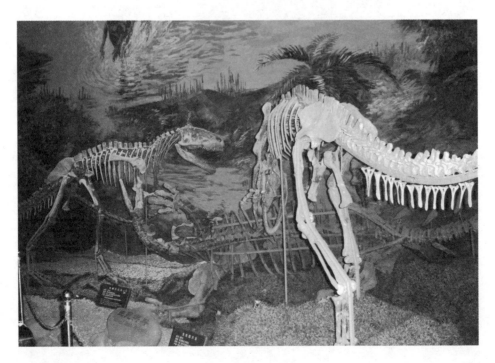

又有谁能知道呢？所以，在这方面还缺乏严格的、科学的对比鉴定标准，"克隆恐龙"这项世界级的尖端工程的启动还尚需时日，我们就不必为地球上再度出现恐龙称霸时代那种令人惊慌失措的一幕而心悸。

但是不管怎样，现代生物工程技术为我们描绘了一幅美丽的蓝图。从目前情况来看，复活恐龙还只是一种奢望，但是，几十年后，几百年后，飞速发展的科学技术或许就能够使这一梦想变成现实。

❀ 再造古蜥视觉蛋白 ≫≫

我们都知道，恐龙的祖先是古蜥。科学家们重新拼凑出了它的一个感光蛋白质，它显示恐龙的视力具备很强的光线适应性。生物学家为重组蛋白技术的前景而兴奋无比——现在科学家可以根据远古动物的现代近亲的蛋白质预测它们已经灭绝的古代亲戚的蛋白质结构，然后将其复制出来。

古生物学家主要以两种方式研究

已经灭绝的动物：研究化石和根据现有生物做科学推测。然而，两种方法都不能提供动物分子的内部工作原理，推测变得日益复杂。有人建议通过比较基因序列重组分子。但许多科学家怀疑这一方案的实际可行性。

现在，纽约洛克菲勒大学的分子生物学家柏林达·张和她的同事们彻底打消了人们的疑虑。用鳄鱼、鸡、鳃

鳗等30多种生物视觉蛋白（视网膜紫质）的基因序列密码，研究者重新拼凑出了古蜥的视网膜紫质。古蜥是恐龙、鳄鱼和鸟类共同的祖先。张领导的小组运用了一种叫最大可能性的统计方法，识别最可能导致演变出这些生物的视觉蛋白的一系列变化，推断出最可能的共同祖先——古蜥蛋白。

接着是检测该推论正确与否的关键步骤：人工合成哺乳动物细胞用以再造视网膜紫质。结果产生的是一个功能完全正常的蛋白，对光线的反应与天然视网膜紫质完全一样。奇特的是，该蛋白对波长为508纳米的光线吸收最佳，这一波段的光

线对现代脊椎动物而言稍感暗淡。据此推断，恐龙可能非常适应昏暗的光线，恰好支持古蜥和爬行动物的其他祖先是夜间出动的猜测。

这一研究最重大的意义在于，它证实了根据现存动物的基因重组远古动物分子的可行性，这一技术具有广泛的运用前景。得克萨斯大学的生物学家大卫·希利斯说："这是我多年来所见过的最令人激动的一份研究报告。第一次有人重组出完整的蛋白，一个功能完全正常的蛋白。"

恐人的传说 ▶▶▶

古生物学家在加拿大的艾伯塔省立恐龙公园附近，发现了一种大小似袋鼠的恐龙化石。这便是生活于1.3亿年前的用后肢行走的兽脚类恐龙，起名窄爪龙（Stenonychosaurus，又译作细爪龙或狭爪龙）。

窄爪龙有一个与众不同的发达的头骨。这说明它的脑子很大，从脑量与体重比率讲，比鳄的脑量大6倍，与早期的哺乳动物相等。脑量与体重的比率是科学家用来测定动物智力高低的标准。我们知道，哺乳类和恐龙类的智力水准相差悬殊，前者要比后者聪明得多。

但窄爪龙却不同。从脑量与体重的比率来看，其智力水平介于狒狒和袋鼠之间。这似乎没有什么值得大惊小怪的；可若以恐龙的标准来衡量，人们就应当对此"君"刮目相看了，因为它是一种聪明绝

顶的恐龙。要知道，恐龙家族的绝大部分成员的智力连愚蠢的家兔也不如。它们大都是一些头脑简单、躯体庞大的傻乎乎的动物。窄爪龙的智力居然大大超过了自己的同类，这不能不说是一个奇迹。

正当世界上许多科学家为恐龙的绝灭原因而争论不休的时候，北美的一位学者却在那里探究另一个饶有趣味的问题：假若恐龙未绝灭，那又会怎么样？这位学

者就是加拿大的古生物学家拉塞尔，那智力超群的恐龙化石就是他同他的同事在20世纪70年代发现的。

拉塞尔对窄爪龙进行了深入的研究。他认为，假若恐龙没有在6 500万年前绝灭的话，窄爪龙很有可能会进化成具有高度智力的动物。拉塞尔把这种纯属假设的动物称做"恐人"，即由恐龙变成的类人动物。

拉塞尔依据窄爪龙而假设的恐人，身高1.37米，体重32千克，外形跟人基本一样，只是那长相极不受看，因为它的口鼻像海龟（这当然是从人类的审美角度啦）。恐人无乳房、乳头和外部性器官。口中没有牙齿，而代替牙齿的是两排像刀刃一样的角质物质，这些特征都与鸟类相似。恐人跟某些鸟一样，以反刍半消化的食物来喂养婴儿。

拉塞尔的这一推测，是基于这样一种假设而做出的：凡是因脑子大而头重并且用两条腿行走

的陆地动物，不论最初是由什么进化而来，其体形都具有人的特点。因而像头脑发达聪明过"人"又是两条腿走路的窄爪龙，如若沿进化的道路一直走到现在，其结果必然会变成人一样的动物。

科学家们认为，如果恐龙没有绝灭，地球上生命的进化会走上

另一条道路。恐龙家族将牢牢地占据着一切主要的生态领域，在整个中生代的漫长岁月里一直受到压制的哺乳动物，其"社会地位"恐怕不会有多大的改善。尤其是恐龙中进化出了智慧成员的时候，哺乳动物的日子就更加难过了，它们永远也别想当家做主人了。一个星球上，一旦某种动物进化成如高度智慧的人一样的生灵，其他动物就再也没有希望向这个最高的目标发展了。

说不准，今天的地球正由窄爪龙的后代统治着。它们有智慧，能进行抽象思维；它们有语言和文字，出版报章、杂志和书籍；它们发明了机器，还有各种武

器，后者当然是为了进行战争而发明的。不用说，窄爪龙的后裔肯定会拥有一大批优秀的科学家，其中恐怕也不乏有专门研究古生物学的专家学者，它们也许正在为一个问题而争论不休呢，这个问题就是："窄爪龙是怎样变成恐人的？"

四、恐龙生活争议之谜

"龙"之谜

　　提到恐龙，中国小朋友都会立刻想到传说中的"龙"。恐龙是中国传说中的"龙"吗？

　　在原始社会，人类认为某些动物曾经是他们的祖先，所以崇拜这些动物。"龙"就是我们的祖先崇拜的动物之一。所以从人类的黎明开始，就流传着不少有关

"龙"的神话传说，但在中国所说的"龙"，并不是动物世界中的恐龙。

"龙"的传说产生于科学不发达的时代，当时，人类对一些自然现象还不能做出科学的解释，于是就把大自然的力量形象化，把蛇、蜥蜴、鳄等现在的爬行动物综合抽象成神物——龙。

考古学家认为：当初蛇、蜥蜴、鳄等都是氏族部落的"图腾"，作为某些氏族的祖先而受到崇拜。但随着氏族的融合，就逐渐形成了现在人们看到的既有爬行动物又有哺乳动物特征的"龙"。

在中国商代甲骨文中，龙字就有许多写法，但基本上多是以蛇的形象为基础的。新石器时代的玉龙，仰韶文化、龙山文化中的龙，也丝毫没有脱离蛇的形象。

既然没有传说中的

"龙"，那么，在全世界各国博物馆中陈列的恐龙又是什么呢？

恐龙是形态各异、种类繁多、早已灭绝的一类古代爬行动物。最早的恐龙出现在距今2.25亿年的三叠纪时期，于6 500万年前的白垩纪晚期从地球上消失了，它们在地球上大约生活了1.6亿年。恐龙与现代生存的蛇、蜥蜴、鳄等同属一大类，在动物分类学上叫做爬行动物。

　　由于恐龙早已灭绝了，所以，我们今天要想了解恐龙，只能通过它们的遗体(即它们的化石)、遗迹(即它们生前留下的足迹等)和遗物(如恐龙蛋)来加以分析和推测。

中华龙鸟之谜

1996年末到1997年初，世界多家新闻媒体争相报道了中国辽宁省北票市四合屯出土的一只"最原始的鸟"——中华龙鸟。中华龙鸟的研究者、中国地质博物馆馆长季强研究员指出，这只带"羽毛"的化石是鸟类的真正始祖，其时代为侏罗纪晚期，它的特征证明，

鸟类是由恐龙进化而来的。

　　然而几乎就在同时，1996年10月17日，美国《纽约时报》刊载，中国科学院南京地质古生物研究所陈丕基研究员在北美古脊椎动物学会第56届年会上公布了一只同样产于四合屯的"带羽毛的恐龙"的照片，引起了与会者的极大兴趣。

　　上述的这些报道在国际古生物学界引起了轰动。许多科学家纷纷发表评论，就中华龙鸟的时代和分类地位展开了热烈的讨论。

　　经过考证核实，"中华龙鸟"和"带羽毛的恐龙"确实都来自辽

宁北票四合屯。化石均产于一层2～7米厚的含有火山灰的湖泊沉积的页岩中，这层页岩在整个地层中则位于一大层厚厚的被地质学家称为热河群义县组的地层的下部。而且，"带羽毛的恐龙"实际上是"中华龙鸟"化石标本的正模，二者是某种动物的同一个个体。它原来是被四合屯的一位农民挖掘出来的，从化石的中间沿着岩层的层理分成了两块（正模和负模）。随后，正模被陈丕基研究员得到，负模则被季强研究员得到。

研究证明，中华龙鸟的形态特征和身体大小与产于德国的一种小型的兽脚类恐龙——美颌龙相似，它们可以被归为一类。中华龙鸟是两足行走的动物，成年个体可以长到2米长。在它的背部，有一列类似于"毛"的表皮衍生物。一些古生物学家认为这是原始的"羽毛"，因此，中华龙鸟应该是一种原始的鸟；另一些古生物学家则认为，这种皮肤的

衍生物不具备羽毛的特征，而类似于
现生的某些爬行动物（例如蜥蜴）背
部具有的表皮衍生物结构——角质刚
毛，也可能是纤维组织。

从化石骨骼来看，中华龙鸟拥有
很多典型的恐龙特征：它的头骨又低又
长，脑壳（解剖学上称为脑颅）很小；
它的眼眶后面有明显的眶后骨，"下
巴"（解剖学上称为下颌）后部的方骨
直；它的牙齿侧扁，样子像小刀，而且
边缘还有锯齿形的构造；它的腰臀部骨
骼（解剖学上称为腰带）中耻骨粗壮，
向前伸；它的尾巴相当长，有60多个尾
椎骨，尾椎骨上还有发达的神经棘和脉
弧构造；它的前肢特别短，只有后肢长
度的1/3，前肢的特征显示它的生活时
代要比德国的美颌龙晚。陈丕基等研究
人员认为中华龙鸟是一只小型的兽脚类
恐龙。当然，根据生物命名法则，季强
最初给它定的名字"中华龙鸟"则依然
使用。

古生物学家们对中华龙鸟身上的
似毛表皮衍生物的功能进行了讨论，
一些人认为它可能是一种表明性别的
"装饰"物；另一些人则认为它是一
种保温装置。后一种解释似乎更为合
理，因为小型的恐龙和小的始祖鸟为

了高效力的活动应该需要具备高的新陈代谢率，因此也就需要保持体温。由此推论，中华龙鸟身上的似毛表皮衍生物表明，小型的恐龙有可能是温血动物（也就是恒温动物）。也有一些古生物学家推测，这种"毛"是羽毛进化过程的前驱，因此称其为"前羽"。目前，古生物学家还在使用新的方法对它进行进一步的研究。

有趣的是，在中华龙鸟的化石骨架中，发现它的腹腔里有一个小的蜥蜴化石。显然，这只蜥蜴是中华龙鸟捕获后吞下的猎物。

至于中华龙鸟的时代，近来根据对其产出地层的深入研究，科学家基本上把它确定为白垩纪早期，即距今大约1.3亿年前。

小行星撞击地球产生恐龙之谜 >>>

不少科学家认为，大约6 500万年前，一个巨大的天体在墨西哥尤卡坦半岛附近和地球猛烈相撞后，极大地改变了地球的气候环境，造成当时横行天下的恐龙因无法生存而逐渐灭绝。从此，哺乳动物逐渐发展壮大起来。那么，恐龙是怎样成为地球霸主的呢？最新科学研究发现，大约2亿多年前外来天体撞击地球对气候产生的影响竟然也是恐龙"兴起"的主要原因。

◆ 行星撞地球

这一结论是科学家在考察了北美洲70多个发现恐龙化石地点的岩石成分后做出的。研究显示，恐龙从侏罗纪早期开始在地球上大量繁殖，而在恐龙鼎盛期前，地球生物种类中将近一半相继

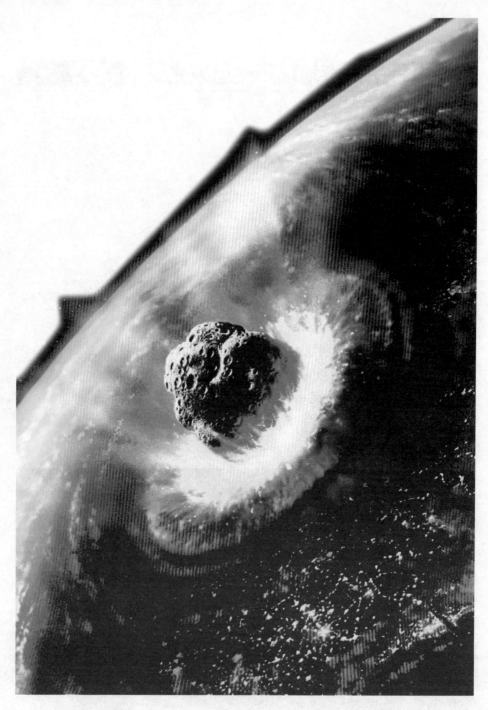

灭绝。科学家认为，地球生物的大量消失，为恐龙之类的幸存者提供了机会，让它们能够在地球上扩展生存空间。

　　这项研究成果显示，造成了恐龙繁盛期前地球生物大量灭绝的原因可能就是小行星和地球的一次猛烈相撞。科学家在北美一些岩石中发现了大量稀有金属铱。铱在地球岩石中含量很低，但是在小行星和彗星上却是一种很常见的物质。从这些岩石中发现的铱表明，地球可能被某个天外来客"热烈拥抱过"。

　　美国拉特格斯大学的肯特教授说，在矿

最不可思议的亿年恐龙
ZUIBUKESIYIDEYINIANKONGLONG

石中发现铱为研究天体和地球相撞提供了一个"时间记号"，把这一证据和古生代、中生代的地球生物状况联系起来，能帮助人们"回想"当时发生了什么事情。有证据表明，巨型恐龙在三叠纪末期（约2.1亿年前）开始以相对较快的速度繁殖。从发现的恐龙足迹化石来看，恐龙从三叠纪时期的形态过渡到侏罗纪时期的形态只用了短短5万年左右的时间。

肯特教授说，科学家们曾推测大约在2亿年前，某颗彗星或者小行星曾经对地球产生了重大影响，并形成了

适宜恐龙迅速繁殖的环境，他们的研究正为这一猜想提供了有力证据。肯特表示，宇宙中某一天体对地球的撞击可能减少了恐龙生存对手的数量，甚至导致其中一些完全从地球上"蒸发"了，这为恐龙进一步适应地球环境并大量繁衍创造了有利条件。

肯特教授的推测准确吗？有待进一步研究证实。

❀ 恐龙的寿命之谜 ▶▶▶

　　各种生物的寿命不尽相同。现代爬行动物中的龟历来被认为是一类长寿动物。龟一般可以活数十年，个别可达数百年。俗语"千年王八，万年的龟"（王八即鳖，也属于爬行动物），即反映了这类动物的长命。其他较为大型的蜥蜴、鳞蛇等现代爬行动物的寿命，也可达百年以上。

　　相比之下，某些植物，特别是乔木和灌木的寿命比长寿动物还长。如，李树和柿树可以活100多年，松树和云杉能活400年以上。世界上千年以上的古树相当多，中国南京的六朝古松已活了1 400年，山东曲阜的圆柏有2 400岁，台湾阿里山的"神木"，树龄高达3 000～5000年。据传非洲如那利亚岛上的龙血树已达8 000岁的高龄。作为一大类已经绝灭的古爬行动物，恐龙生前的寿命又有多长呢？

　　动物寿命的长短，往往是与其生长模式相关联的。非限定生长的动物比限定生长的动物的寿命长。倘若我们把现生动物的非限定生长模式用于对恐龙的研究，一些类群的恐龙从卵中孵化出来到成年所需的时间分别是：原角龙需要26～38年，中等大小的蜥脚类恐龙需要82～118年，巨型蜥脚类，如腕龙，则需要百多年。那么，如果成年后的恐龙，能再活上同样长的时间，腕龙也可活到300年左右。

　　另一个影响动物生长快慢的因素是它们的新陈代谢。平均说来，热血的脊椎动物的生长速度，至少要比冷血的脊椎动物快10倍。生长越快，寿命越短；生长越慢，寿命越长。

　　恐龙有着什么样的新陈代谢呢？它们是热血动物还是冷血动物？这是我们正确估算恐龙寿命的一个关键。很多证据显示不少恐龙类群是热血动物。如果这是真的，便可用现代热血脊椎动物的生长模式来计算恐龙的寿命。结果

是热血恐龙的个体可活几十年至一百多年。

总之，对于早已作古的恐龙，我们目前还不能准确地了解它们究竟能活多久。一些古生物学家在对某些恐龙骨骼的生长环进行研究后发现：这些恐龙死亡时的年龄为120岁左右。因此，有人认为恐龙的寿命可能更长，即可能活到100～200岁。

五、恐龙生活习性之谜

恐龙主宰世界之谜 ▶▶▶

　　35亿年前，地球上开始出现原始细菌。由此，生命从简单到复杂，从低级到高级。美丽的地球变得丰富多彩。然而在生物界不断的发展过程中，一些物种出现后又消失了，对此我们并不奇怪，因为物种灭绝实际上是生物演化的一个必

然阶段。

　　一些种群发展到一定的时期就会结束它们的使命，由此产生的空间，将会有新的种群来占据，这就是生物界的新陈代谢。有相当多的种类，我们甚至从来就不知道它们的名字，出现或者消失似乎都无足轻重，但有一些种类，对地球的影响非常大，于是地质学家就给它们打上了时代的烙印。

　　例如三叶虫，这类生物绝迹的时候，地质史上就以此作为古生代

的结束。恐龙当然也不例外，中生代白垩纪就以恐龙灭绝为结束之界。但恐龙的影响绝不仅此而已，原因很简单，那就是恐龙是一类曾经繁盛无比的动物，它傲视一切与它同时代的天地之物，却在短时间内销声匿迹。究竟发生了什么事？人类既然无法亲眼目睹，那就只有让科学来回答了。

于是古生物学家挖地三尺，搜寻一切可以找到的化石，把琐碎的骨头连接起来。挖掘的结果使科学家们发现，从地理范围来看，恐龙几乎无所不在，欧洲、亚洲、非洲、美洲、南极大陆都有恐龙化石出土，一向被认为是资源匮乏的日本，居然也发现了大量的恐龙化石群。从形态特征来看，它们像爬行类，四肢健壮有力，并通过产蛋来孵化小生命；从个体大小来看，它们可以称得上是迄今为止发现的最大的陆生动物；根据化石可以推断出个体最重的恐龙能达到100吨，而现在地球上陆生动物中的老大——非洲象只不过7吨重。在很长一段时间内，研究恐龙的科学家们的主要工作就是寻找恐龙化石。

随着化石证据的不断增多，关于恐龙的研究也发展到了习性、生理、生态等各个领域。一个又一个的问题被解决了，但一个又一个的谜团又出现了。人们发现，不能简单地把恐龙列为爬行动物，因为有人提出了恐龙是恒温动物的说法。还有证据表明，有些恐龙甚至会照看自己的孩子，这一习性对于爬行动物如蛇、鳄、龟、蜥蜴来说是难以想象的。

最关键的是，恐龙这种盛极一时的动物到底是如何灭亡的？直到今天，科学家们对这个问题还在不断的推测之中。虽然有些学说听上去非常令人心动，但终究留有破绽，于

是，谜面只好继续存在下去。但是，让人担忧的是，人类有时候也把自己比做恐龙，因为事实上我们已经统治了地球很长时间，如果我们不能明了恐龙灭绝的原因，天知道什么时候，人类也会步恐龙的后尘！

我们可以利用科学做武器不断地探索和发现。从遥远神秘的寒武纪开始，寻找任何有关恐龙的痕迹，去探求它们那扑朔迷离的神话，去了解它们的诸多未解之谜，为我们的生活添加些许宁静和色彩。

恐龙的习性之谜 ❯❯❯

在今天的动物王国中，有各式各样奇妙而有趣的动物。它们的外表形态是显而易见、易于观察的，但生活习性就不同了，没有长时间的观察和第一手观测资料的积累，就很难了解到某种或者某类动物在自然环境条件下固有的生活特性。由此可见，对恐龙这类灭绝动物

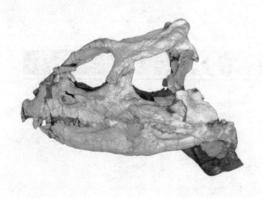

生活真相的了解，难度是很大的。好在已发现的恐龙化石，以及化石埋藏状况所蕴含的种种信息，为我们揭开恐龙的习性之谜提供了难得的线索。

群居

根据恐龙骨骼群体埋藏以及足迹群的发现，我们有理由认为许多大型植食性恐龙都是

习惯于群居生活的，就像今天的羚羊和大象一样，成群结队地活动。群体移动时，大家都向着一个共同的方向前进。为满足群体取食大量食物的需要，它们经常转移"牧场"。在美国得克萨斯州的班德拉城的一个化石地点，曾发现有23条雷龙的行迹，步

子都朝着一个方向，由较大脚印组成的行迹居外，小脚印行迹居中，这就证明了雷龙有群居生活的特性，且雷龙群在活动时还有相当的组织性。

小型的肉食性恐龙，如虚骨龙类，它们身体轻巧，腿长善跑，动作敏捷，其奔跑速度可能不亚于今天的驼鸟。它们过着群居的生活，几十只生活在一起。追捕猎物时，如同今天的狼群一样，依靠群体的力量围猎比自己大得多的动物，然后共同分割。鸟脚类恐龙，两足行走，行动迅速，也是群居生活。它们大都生活在苏铁、硬叶灌木密集的地区。在国外，曾多次发现鸭嘴龙、禽龙群体埋藏的情况。

角龙、甲龙也是群居的。1989年，在内蒙古乌拉特后旗巴音满都呼地区，发现了一个以自重纪甲龙、原角龙为主的恐龙化石堆积地点，发掘采集到甲龙31

具、原角龙93具，以及少量兽脚类和恐龙蛋等。颇有趣味的是这31具甲龙全是幼年个体，大多数体长1米左右，几乎只是成年个体的1／4或1／6长。保存这些化石的环境还显示这些幼年甲龙是在沙丘间躲避风暴时被埋葬的。由此我们可以想象，当灭顶之灾到来时，体力强健的成年甲龙，以较快的速度躲过了这场灾难。在那一刻，它们也来不及顾及自己的幼仔了。

独居

　　由于很少发现剑龙类恐龙骨架集中埋藏，因此，推测这类恐龙的数量相对较少，在庞大的恐龙家

族中，剑龙类的境况不佳，缺乏明显的竞争优势，所以成了最早绝灭的类群。从已有的发现看，剑龙类恐龙尽管孤立地单个埋藏，但化石大都保存完好。如在中国四川省自贡市境内发现的一具剑龙，不仅骨架相当完整，而且还伴有皮肤化石。鉴于上述情况，有科学家认为，剑龙类恐龙很可能是单独生活的。剑龙类恐龙是恐龙家族中性格最为"孤僻"的素食者。

大型的肉食恐龙，如永川龙、霸王龙等，可能像今天的虎、狮一样，除了繁殖的季节雌、雄个体生活在一起外，多数时候则是独来独往、单独生活的。总之，多数植食性恐龙及小型肉食性恐龙过群居生活，而大型的肉食性恐龙喜欢独居。在恐龙的群体内，很可能有其社会性：幼年个体受成年个体保护；雌性个性多于雄性个体，并接受雄性恐龙的支配。

❀ 恐龙是和睦的家族吗 ▶▶▶

　　弱肉强食是没有任何理念约束的动物们的本性和本能。强者，母体就赋予它强健的体魄和放纵的野性，它有能力去战胜和征服弱者；而弱者与生俱来的软弱性格，使其面对强者的欺凌时便显得无奈，更没有反抗的力量，只能顺从。那么，在史前的恐龙世界中，它们又是如何相处的呢？

◆ 肉食恐龙

　　我们多是根据恐龙的不同食性初步划分出三大类：植食恐龙(以吃植物为生的恐龙)和肉食恐龙(主要是以吃肉为生的恐龙)，还有杂食恐龙(既吃植物又吃肉的恐龙)。评判标准依据就是牙齿的不同形态。对于植食恐龙，牙齿的典型特点就是不显现出锋利，最常见的就是以勺形齿和棒状齿居多。

　　当然，不同类型的植食恐龙，在牙齿上的差别也还不小，如剑龙的树叶状牙齿和鸟脚类中鸭嘴龙的锉刀状

牙齿。这类植食性的恐龙，在恐龙的类别中分别包括有蜥脚类恐龙和鸟臀目恐龙。对肉食性的恐龙而言，牙齿除了具有锋利的齿尖外，往往在形态上像匕首状，同时牙齿也明显增大。

介于两种食性之间的杂食恐龙，在牙齿上继承了上述两种牙齿共同的特点，既表现出勺形的特征，又有锋利的边缘锯齿。不过这类恐龙在整个演化过程中，出现得比较早，持续的时间也很短，到

了侏罗纪的中、后期就很少见了，主要包括原蜥脚类恐龙。

肉食恐龙是恐龙中的强者，而植食恐龙占有弱势。作为杂食恐龙，可能是作为中间势力，不为恐龙所欺，也不凌驾于别的恐龙之上；再者，很可能是肉食恐龙向植食恐龙进化的中间纽带。

因此，尽管一些庞大的植食恐龙看起来威风八面，但也常常成为那些寻衅滋事的肉食恐龙的美餐。尽管植食恐龙也经常采取集体防卫的战术来一致抵御进攻，但其中也不乏一些不能匹敌而丧生于它手的。

恐龙好战吗

　　虽然恐龙过的是群居生活，但免不了发生同种个体之间的勾心斗角、争夺配偶以及种间的地域争夺、食物占有等。同种恐龙尽管有着相似的生活习性，但因为偶尔的相互摩擦，常常会促成一场大战。为了得到配偶，到了发情的季节，那些追随者凭借体力的优势，置其他的恐龙于不顾，以此来取悦于异性恐龙。

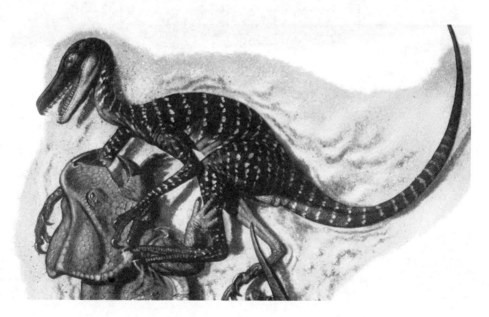

最不可思议的亿年恐龙
ZUIBUKESIYIDEYINIANKONGLONG

　　随着恐龙个体的不断繁盛，有限的适应空间越来越显得狭小，谁去谁从，难以平分，争斗怎能不发生呢？这种斗争在不同种的恐龙群体中表现得尤为突出。

　　对于食肉的恐龙来说，它的生存，将意味着别的恐龙需为之付出血肉的代价，这种捕食者与被捕食者之间的生死搏斗，已经不是简单的皮毛之苦，而是经历生与死的抉择。恐龙之战的种种原因，在这里不可能一一评析，不过，恐龙之战同别的动物间的斗争有异曲同工之处。

所以，中生代的恐龙世界，并不是风平浪静的桃源风景，在那里也经常充满喧嚣与厮杀的气氛。

恐龙的食量之谜

你知道吗？一头4吨重的大象一天的食量大约在300千克以上。一般来说，哺乳类动物每天的食物摄入量大概为体重的10%。这些食物将转化成必要的能量，以维持体能和体温。但是变温动物就不同了，一条蛇一次吞下的食物可以相当于它的体重，当然，在余下的很长一段时间内，它也可以不吃不喝地平安度日。

那么，恐龙的食量如何呢?就我们现在知道的事实，有些恐龙的体重可达几十吨甚至上百吨，如果它每天的饭量也按体重的10%来计算的话，岂不是每天要消耗数吨乃至十几吨食物!计算下来，肉食性恐龙大概每天要击杀一条小型恐龙，而植食性恐龙似乎每天要横扫一大片草原或者森林，否则，连苟延残喘都很困难。

事实当然不会是这样。据计算，植食性恐龙每天的食量大概是其身体重量的1%。差别怎么会那么大呢?原来，秘密就在于它庞大的身躯。哺乳类或者鸟类频繁地进食，是因为它们

◆ 恐龙粪便化石

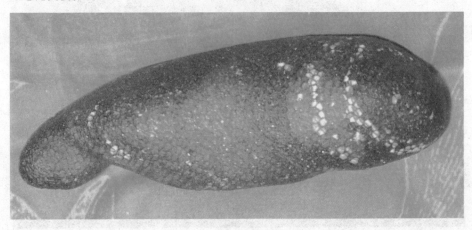

本身的储能少，不这样做，身体的能量供应就会接不上；而恐龙身体中固有的能量多，进食只要维持基本需要就可以了。

对于霸王龙这样的肉食性恐龙来说，情况可能与现在的狮子、老虎或者龟、蛇差不多，只要成功地狩猎一次，几天没有食物也不至于饿得慌。

那么，科学家把恐龙分成植食性和肉食性，这种分类的根据又是什么呢？我们还得回头看看化石，不过，现在要看的是粪便化石。

古生物学家拿到粪便化石后，就把它们切开，放在显微镜下观察。如果其中含有茎或者叶，那么，就可以判定这是植食性恐龙的粪便化石。如果再与植物学家配合研究，连恐龙吃的究竟是什么种类植物也可以知道得清清楚楚。

至于这些粪便化石究竟来源于哪一种恐龙，这是一个综合性的问题，不过专家们也有办法，因为在粪便化石出土的同一地层中，一定

有恐龙化石出土，根据各种恐龙化石的多少和粪便化石的数量，大致可以推测出哪一类恐龙有什么样的粪便。这样，恐龙的饮食结构也就能大致了解了。

以上的解释只限于植食性恐龙，至于肉食性恐龙的食性，到现在为止大家还只是猜测。因为即使恐龙的胃中残存着一些骨头，也是一些碎片，根本就不能据此得出什么结论。所以，我们说霸王龙如何穷追猛打、生吞活剥它的猎食对象，充其量也只是大胆的想象。

在多数植食性恐龙的胃中存有几十颗石头，大小不一，小到鸡蛋样，大至拳头般，我们称之为胃石。在美国新墨西哥州侏罗纪地层中挖出的一条地震龙的肋骨间，科学家竟然找到230颗胃石，真是骇人听闻。

　　胃石在恐龙消化食物的过程中起什么作用呢?原来,恐龙不能分解食物的纤维素,它必须依靠消化道中的微生物来分解这些纤维素。为了更有利于消化吸收,恐龙就要把食物弄得碎一点、再碎一点。于是,它对食物建立了两道加工工序,第一道是牙齿,每一次进食时恐龙都是细嚼慢咽;第二道就是胃石,可把磨得还不够碎的食物在胃里再次处理。经过这样两道工序,留给微生物的工作就轻松得多了,而恐龙也达到了将食物转化成能量的目的。所以,当你发现恐龙的胃中有大量石头时,一点也不要奇怪,这是它们赖以生存的一种工具。

　　恐龙具体的饭量是多少,仍然只是在猜测之中。

❋ 黎明前的早餐 ▶▶▶

相信对于恐龙如何进食，人们都是比较感兴趣的。根据对角龙的研究，有的科学家对它们早晨的生活情景作了生动的描述。

角龙的美餐

当天亮到足以看清木兰树光秃秃的树干时，角龙在黎明中醒来了。它们生活在6 500万年以前，这时正是角龙家族最兴旺的时期。角

龙常常成群结队地生活在一起。然而，有一条角龙却掉了队。昨晚它只好独自啃食一株已经倒下的科达树作晚餐，今晨醒来时它的嘴里还有叶子发酵的味道。

它正在一片已被鸭嘴龙啃光的光秃秃的林子里孤独地徘徊。它向前移动了几步，啃着连鸭嘴龙都嫌太苦的野草。这头远离集体的角龙已感到饥肠辘辘了，突然一棵小木兰树映入了它的眼帘。

它独自用两只角扭动着树枝，小木兰树发出咯咯的响声。它使出浑身解数，拼命地扭动，但是，这一切都只是徒劳无功。它不仅没能把树弄倒，就连树枝也未能扯下一根。它多少有些累了，便到远处泉眼边的一个小水池旁，迅速地喝了几口泉水。这时，阳光正斜射在被啃光的乱七八糟的树木上。苍蝇围着布满甲虫的鸭嘴龙的粪便飞来飞去。几只蜻蜓从池边跃起，穿过薄雾向远处飞去。这头角龙抬起头

◆ 刺盾角龙

来，嘴边还滴着水。它忽然看到对面有一棵柳树，于是便大吼一声，扑进水池向对岸游去。

这次它真的找到了理想的食物。它用两只角夹住柳树的树干，经过一番上下摩擦，中间的一只角把树皮拽了下来。它用牙齿把树皮一条条切断，又咀嚼了一会儿，最后才咽了下去。这时它已饥不择食，什么都想吃。于是它把柳树弄倒，将叶子、小树枝、树皮等所有能吃的都一股脑儿吞了下去。

对峙霸王龙

又一次饱餐之后，角龙又喝了几大口泉水，然后一大泡带有辛辣味的尿便排了出来。这时，它感到精神振奋，浑身上下好像有一股使不完的力量。它开始悠闲地在树林中漫步，有一些小动物在它面前跳来跳去，它也无心观赏。突然，它发现在高大树木的遮掩下，有一只张着血盆大口的肉食龙——霸王龙正向它走来，角龙毫无退路，只能奋力自卫。它低下头，让巨大的颈盾和角对着敌人，然后从鼻子里发出一声吼叫。这声响就像大雨滂沱时的雷鸣，丛林中的树木似乎都要被劈开了。霸王龙不免也有点害怕了。它知道尽管角龙是吃素的，但它有保护自己的武器——坚韧的颈盾和像刺刀一样的角。霸王龙不敢轻举妄动，它把巨大的头抬起来，虎视眈眈地看着角龙。双方对峙了一阵后，角龙小心翼翼地后退了几步，又走进树林去寻觅自己的队伍了。

很幸运，它没走多远，就遇上了成群的角龙。它迅速地加入了队伍，总算脱离了险境。这支角龙大军也在早餐，它们把所有可以折断或打下来的树枝树叶都吃光了。有时会遇到一头角龙很难折断的树干或树枝，这时其他角龙就会自告奋勇地联合起来，一起把大树推倒。经过与霸王龙的一番对峙，这头掉队的角龙又感到腹中空空了。正好有一棵被扭断的木兰树倒在它的身旁，它随即卧倒在地，开始大嚼大咽起来。不一会儿，这片树木就被啃光踏烂了，角龙队伍的首领发出了转移令。角龙群离去了，只留下几棵高大的树稀稀落落地耸立在这白垩纪晚期空寂的大地上。

◆ 霸王龙

六、恐龙的惊人奇观

✿ 恐龙干尸重现人间之谜 》》》

　　美国蒙大拿州出土了一具7 700万年前的恐龙干尸，令人惊讶的是，其肌肤纹理、胃中残留物、喉部器官、脚趾甲及其他一些内脏保存完好。科学家指出，可以由此对恐龙形态及生活方式有更多了解。

　　在古生物学年会上，菲利浦国家博物馆馆长来特·墨菲及两位同伴对该恐龙进行了

技术性描述，这只名为莱昂纳多
(Leonardo)的恐龙震惊了学术界。
有科学家甚至将其重要性与罗塞塔
之石相提并论。于1799年发现的罗
塞塔之石帮助人类学家破译了古埃
及的象形文字，而莱昂纳多有助于
古生物学家了解灭绝已久的物种的
生理结构。研究人员说，目前仅发
现3具恐龙干尸。

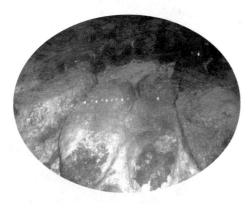

Z 最不可思议的亿年恐龙
ZUIBUKESIYIDEYINIANKONGLONG

这具恐龙干尸目前存放在蒙大拿菲利浦国家博物馆。古生物学家认为这是一只鸭嘴龙，出土处的地质分析表明，它来自7 700万年前的白垩纪晚期，死时约三四岁。

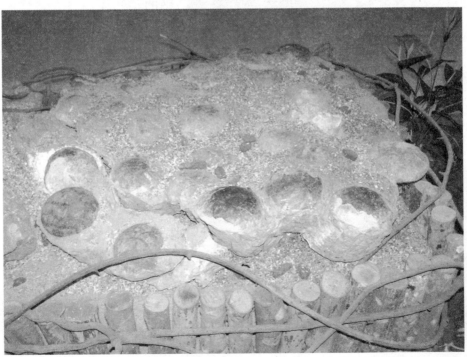

❀ 恐龙癌症之谜 ▶▶▶▶

恐龙也会像人类那样患癌症吗？它们也像人类患病一样痛苦吗？下面就一起来了解一下。

研究人员用X光机对恐龙骨骼进行扫描，得到了最新发现：这种早已灭绝的动物体内存在恶性肿瘤，不过目前被证实患癌的只有鸭嘴龙。

美国俄亥俄州东北州立大学的科学家罗斯希德和他的工作组带着X光机，奔波于北美地区的博物馆之间。他们对700多副恐龙骨骼中的10 000多块椎骨进行了扫描，这当中包括广为人知的剑龙、暴龙和三角恐龙的骨骼化石。恐龙患癌的问题一直很有争议，这是第一次大规模的考察。工作组首先排除了一些疑为患癌的骨骼化石，因为经研究，那都是骨折造成的。不过，他们在鸭嘴龙的骨骼内发现了癌的存在。鸭嘴龙生活在约7 000万年前的白垩纪，是一种食草恐龙。工作组在97个鸭嘴龙的骨骼里发现了29个肿瘤。体长3.5米的艾德蒙顿龙是鸭嘴龙的一种，也是体内癌症组织最多的一种，并且只在这种恐龙化石里发现了恶性肿块。癌症已在几乎所有生物（从珊瑚虫到虎皮鹦鹉）体内发现，但

在大多数物种内发生的概率却无从知晓。它们的肿块和人类癌症患者相似，这表明癌症已存在了相当长的时间，并且本质上几乎没有什么变化。看来，恐龙得这种病也像我们人类为癌症受苦一样。

病因在于食物？

此次发现的最常见的肿瘤是血管瘤，这是一种良性、生于血管内的肿瘤，也存在于约10%的人

体内。"如果我把这些恐龙骨骼拿给病理学家看，他会得到相同的诊断结果。"罗斯希德说。

"目前还不清楚是什么导致鸭嘴龙患了癌症。这真是一个让人着魔（也可能是永远无法回答）的问题。"不过他说，可能这种恐龙寿命很长，使肿瘤组织有时间成长。

不过，罗斯希德介绍了他的看法：鸭嘴龙吃的针叶树木中含有很多致癌的化学物质。它们的骨骼结构显示，鸭嘴龙属热血动物，这增加了患癌的可能性。罗斯希德认为，对野生和已灭绝动物的研究能帮助我们治疗和预防疾病，还为我们了解在漫长历史时期中疾病的演化提供了方便。

世界最大的恐龙脚印之谜 ▶▶▶▶

中国甘肃省地质工作者在甘肃永靖县内发掘出了一群保存十分完整清晰的恐龙足印化石。专家指出，在被发掘的化石当中，有一组是迄今为止世界上发现的最大的恐龙足印。

在永靖县境内的黄河河畔，地质工作者经过近半年的挖掘，发现了100多个清晰可见的恐龙足印化石。这些化石都出自一个山坡的砂岩层面上，可分辨的一共有10组。足印保存得十分完整，可以清晰地分辨出每组脚印的走向。其中最大的一组足印长1.5米，宽1.2米，而且前足印大，后足印小，并成对出现。中国科学院古脊椎动物研究专家赵喜进目前已对挖掘出的足印进行了鉴定。据他介绍，该遗迹目前裸露面积约400余平方米，含两类蜥脚类巨型足印（四足行走），一类瘦脚类足印（虚骨龙类，两足行走）、一类鸟类足印，并且共生有恐龙尾部支撑痕迹、卧迹及粪迹等，是一处世界罕见的、具有重大科学意义的恐龙遗迹化石产地。其足印之大，类别和属种之多，保存之清晰完好，堪称世界之最。

经专家初步测定，这些足印形成的地质年代大概有两种可能：一是距今约1.6亿年前的晚侏罗纪；二是距今约1亿年前的早白垩纪。关于这一问题，专家正在开展进一步研究。据介绍，这些足印是在当时的湖滨上留下的，脚踩下后带出的泥沙也保存完好，经过上亿年的演变后，变成了现在所见的化石。在砂岩层面上还可以清楚地分辨出水的波纹以及泥沙脱水固结时形成的龟裂。

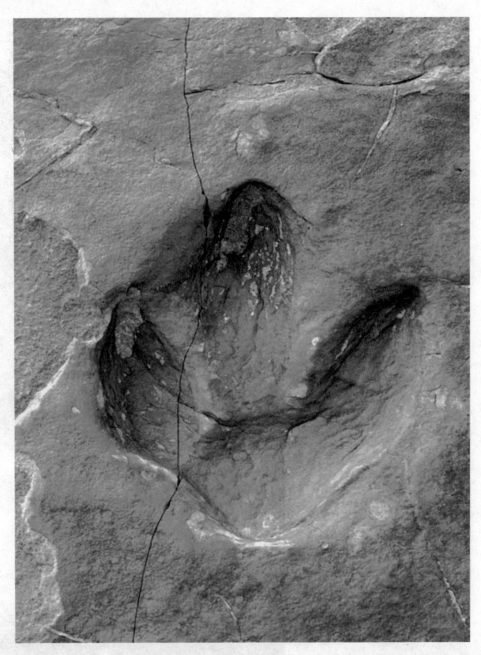

◆ 恐龙足印化石

据专家介绍，在400余平方米的地区内，10组足印中有六组是非常清晰连续的，足印的布局表明，当时恐龙主要是沿湖岸或由水边向陆地方向行走。据推测，很可能是一大群植食类恐龙在觅食或饮水过程中留下的，同时周围还环绕或尾随有食肉类恐龙。

　　一般恐龙足印化石的发现都是经过分化作用后自然裸露出来的，都有一定程度上的破损，细微处的棱角都不太清楚。而这次发掘的化石，是地质工作者们一层层人工剥露出来的，因而保存得相当完整清晰。

❀ 中国恐龙奇观 ▶▶▶

在许许多多的人看来，恐龙既看不见又摸不着，都是人们凭几块石头瞎猜的。这是多么严重的错误！千姿百态的恐龙是远古的生命奇观，人类对它们越了解，就越热爱大自然，越会保护地球，这就是恐龙文化的现实意义。人类作为地球家园的一族，研究和了解恐龙，是我们永恒的使命。既然恐龙灭绝已无可挽回，那么就更应该竭力保护目前濒临灭绝的物种。

可见，普及恐龙知识对环境保护也
有着重要的意义。

在此，介绍中国发现的一些具
有代表性的恐龙，并据骨架化石恢
复其外形，为读者提供一些关于恐
龙的具体而形象的知识。

许氏禄丰龙

许氏禄丰龙是目前中国所发掘
出的最古老的恐龙种类之一。禄
丰龙的第一件标本是杨钟健教授在
1941年根据一具完整的恐龙骨架化

◆ 许氏禄丰龙

石描述命名的。这个属，体形中等，体长
4.5~6米，具有小巧的头颅及相当长的颈
子。前肢为后肢的2/3长度，从强而有力的
前肢推测它能够直立二足行走；同时前肢
虽然较后肢稍为纤细，但是推测有可能它
可以用四足做近距离的短程移动。禄丰龙壮硕的尾巴在平衡头部和躯体上有着重要的功能。它的牙齿短而密集排列，是典型的食植物性齿列。它的长颈使它得以觅食树梢嫩叶，同时也可能捕捉一些小型的昆虫及其他动物作为餐点副食。

山东龙

在山东诸城县有一处名叫龙骨涧的地方，人们在此发掘到了一具非常大型的鸭嘴龙类——山东龙骨架化石，以及一些暴龙类的牙齿。在龙骨涧总计已采集到30多吨的恐龙化石残骸。在北京地质博物馆展出的一具完整的巨型山东龙复原装架的骨骼，总长约14.72米，具有一个颀长、低窄的头颅，齿列总计有60～63个齿槽，其牙齿构造与爱德蒙脱龙极为近似。

合川马门溪龙

产于四川自贡市的合川马门溪龙是目前亚洲发现的最完整的大型蜥脚类恐龙，体长22米，肩高3.5米，头小，颈长达9米，颈几乎占了体长的一半。合川马门溪龙是中国恐龙群中最闪亮耀眼的明星，这条巨龙出土时除了脑袋和前肢外，完整保存的颀长颈子有17～19节的颈椎，它利用长颈采食树梢顶端的枝叶，就像长颈鹿一般。

沱江龙

　　中国的沱江龙与同时代生活在北美洲的剑龙有着极其密切的亲缘关系。沱江龙从脖子、背脊到尾部，生长着15对三角形的背板，比剑龙的背板还要尖利，其功能是用于防御来犯之敌。在短而强健的尾巴末端，还有两对向上扬起的利刺。沱江龙可以用尾巴猛击所有敢于靠近的肉食性敌人。沱江龙的背板也是用于采集阳光的。它们就像太阳能板那样，能够吸取热量。当这些背板中血液的温度升上来时，热量就通过血管流遍全身，就像热水在暖气管道中流动一样。沱江龙的牙齿是纤弱的，不能充分地咀嚼那些粗糙的食物，因此它们会在吃植物时一起吞咽下一些石块，这些石块可在胃中帮助它将食物捣碎。1974年，在四川

◆ 沱江龙

自贡市五家坝发掘到了亚洲有史以来第一具完整的沱江龙骨骼化石。

永川龙

永川龙是一种大型食肉恐龙。全长约10米，站立时高达4米，有一个又大又高的头，略呈三角形。嘴里长满了一排排锋利的牙齿，就像一把把匕首。脖子较短，身体也不长，但尾巴很长，站立时，可以用来支撑身体，奔跑时，则要将尾巴翘起，作为平衡器用。常出没于丛林、湖滨，其行为可能类似于今天的豹子和老虎。

青岛龙

　　青岛龙全长8米，站立时高约4米，生存在白垩纪晚期。外貌与"标准"鸭嘴龙似无多大区别，只是头顶上多了一支细长的角，样子就像独角兽一样。有人说这支角应向前倾斜，也有人说应向后倾斜，还有人说根本就不存在这支角。至于这支角的作用，更是众说纷纭，它既不像武器，也不像其他冠顶鸭嘴龙那样能扩大自己的叫声。那么，就是一种装饰品啦！而据1998年的最新研究结果表明：青岛龙头上所谓的一支"角"，其实是发现时头上一块因破碎而掉落的碎片！

◆ 青岛龙

卢沟龙

在禄丰蜥龙类动物群中发现的肉食性的卢沟龙，大小与一只鸵鸟差不多，站起来有1.5米高。它有一个小而尖的头骨，头的两侧长着一对大而尖的眼睛，眼眶较高，视力不错。这种恐龙可能生活在丛林中，它有一个细长而灵活的脖子，使它能把头抬起来寻找捕食对象。它的嘴巴较尖，口内有小锥子似的牙齿，说明它是食肉恐龙。它的前肢较短，起"手"的作用，用来捕捉动物。卢沟龙虽然发现于云南，但由于发现时间是1938年，为了纪念揭开抗日战争序幕的卢沟桥事变，杨钟健教授特意将它命名为卢沟龙。

中国鹦鹉嘴龙

鹦鹉嘴龙是一种头部呈方形，并生有一张鹦鹉嘴的食素恐龙。方形的头是由于头盖骨背后四周有骨脊，固定着强有力的颚肌，使它的喙嘴能用力地咬噬。有科学家认为，这种长1.8米、高约1米的食素恐龙是后来出现的种角龙的祖先。它的口中没有牙齿，而那角质的巨喙，能帮助它咬断和切碎植物的叶梗甚至坚果。鹦鹉嘴龙格外具有其特殊性，这群两足行走的植食物性恐龙是角龙类中最早期的一个代表成员。鹦鹉嘴龙最早是在蒙古国南部戈壁沙漠中被发掘到的。中国鹦鹉嘴龙是在1950—1953年间，于山东半岛白垩纪早期地层中被发掘到的。

活恐龙追踪 ▷▷▷

　　恐龙是地球上生活过的最庞大的陆上动物。凡是见过恐龙骨架化石或复原标本的人，对它那巨大的身体、奇异的形状和凶猛的形象都会留下极其深刻的印象。而恐龙的突然灭亡，也使人感到不可理解。因此，人们自然而然地会想：在这个地球上，恐龙有没有留下后代。而每当世界各地发现神秘的未知动物时，也就有人认为，他们看到的怪兽就是活着的恐龙。

　　在非洲中部的刚果，乌班吉河和桑加

河流域之间，有一个湖，名叫泰莱湖。泰莱湖周围是大片的热带雨林和沼泽，人迹罕至，许多地方根本无法通行。这里生活着土著居民俾格米人，据他们说，在泰莱湖中，有一种名叫"莫凯莱·姆奔贝"（意为"虹"）的怪兽。这种怪兽半像蟒蛇，半像大象，身长十二三米，有10多吨重，长着长长的脖子和尾巴，脚印像河马，但比河马大得多。怪兽生活在水中，只在夜里出来活

动。它以植物为食，一般不伤人。

从土著居民的描述来看，这种怪兽很像中生代生存过的蜥脚类恐龙。这引起了许多动物学家们的极大兴趣，它是活着的恐龙吗？

一时间，刚果成了科学家和探险者们瞩目的地方。1978年，一支法国探险队进入密林，去追踪怪兽的踪迹，可是他们从此一去

不返。

1980年和1981年，美国芝加哥大学生物学教授罗伊·麦克尔和专门研究鲤鱼的生物学家鲍威尔两次带领探险队前往刚果，他们深入泰莱湖畔的蛮荒之地，从目击过怪兽的土著人那里了解了许多情况。一位名叫芒东左的刚果人说，他曾在

莫肯古侬与班得各之间的利科瓦拉赫比勘探河
中看到怪兽。因为那时河水很浅,怪兽的身躯
差不多全露了出来。芒东左估计怪兽至少有10
米长,仅头和颈就有3米长,还说它头顶上有一
些鸡冠似的东西。

考察队员们拿出几种动物的画片,让当地

居民辨认，居民们指着雷龙画片毫不犹豫地说，他们看到的就是那东西。在泰莱湖畔的沼泽地带，考察队员们发现了"巨大的脚印，还有一处草木曲折侧伏的地带，脚印在一条河边消失"。他们认为怪兽是从此处潜入河中去了。据麦克尔博士说："脚印大小和象的脚印差不多"，"那片被折倒的草地显然是一只巨形爬行动物走过留下的痕迹"。但是由于天气恶劣和运气不好，他们始终没能亲眼看到怪兽。麦克尔相信，刚果盆地的沼泽中确有一种

奇异的巨大爬行动物。

1983年，刚果政府组织了一支考察队，再次深入泰莱湖畔。据说他们拍下了怪兽的照片，但这些照片一直没有公开。

20世纪90年代，刚果地区政局动荡，战乱频繁，多次发生武装政变和军事冲突，这使科学考察很难再继续进行，追踪泰莱湖畔怪兽的工作，只好暂时停止。因此，怪兽究竟是不是残存的活恐龙，也仍然还是一个不解之谜。

❀ "恐龙公墓" 的形成之谜 ▷▷▷

◆ 蛇颈龙

位于中国四川省自贡市的大山铺恐龙化石地点，以其埋藏丰富、保存完整而令世人瞩目，因此有些科学家把大山铺形象地称为"恐龙公墓"。那么，这个"恐龙公墓"是怎样形成的呢？这个谜一样的问题吸引了许多科学家的兴趣。他们从不同的角度研究这个问题，得出了一些结论，虽然还不能完全解开这个迷，但是多多少少为我们最终认识这个问题提供了可供参考的依

据。下面就介绍3种理论。

1.原地埋藏论

这个理论由成都地质学院岩石学教授夏之杰提出，其根据是岩石学以及恐龙化石的埋藏特征。

大山铺恐龙的埋藏地层在地质学上属于沙溪庙组陆源碎屑沉积，以紫红色泥岩为主，夹有多层浅灰绿色中细粒砂岩和粉砂岩，属河流相与湖泊相交替沉积。也就是说，在1亿6000万年前的侏罗纪中期，大山铺地区河流纵横、湖泊广布。这样的自然环境，再加上当时温和的气候条件，使得这里完全成为了一个恐

龙生存繁衍的"天堂"，成群结队的各类恐龙生活在这片植被茂密的滨湖平原上。但是，很可能是由于食用了含砷量很高的植物，大批的恐龙中毒而死，并被迅速地埋藏在较为平静的砂质浅滩环境里，还没有来得及被搬运就被原地埋藏起来，因此形成了本地区恐龙化石数量丰富、保存完整的埋藏学特征。

这个理论因符合埋藏学原理而显得很独特，但是它还是使人感到证据不足，因为当时大山铺地区植物的砷含量

的平均背景值是多少？能够致使恐
龙猝死的砷含量又是多少？分析砷
含量时的取样是否有代表性？这些
问题依然需要进一步地深入研究。

2.异地埋藏论

这个理论认为大山铺的恐龙是
在异地死亡后被搬运到本地区埋藏
下来的。其证据包括：

(1)如果是原地埋藏，无疑应该
大多数是完整或较完整的个体，而
事实恰好相反，本地区恐龙化石虽
然已经发掘采集了100多个个体，但
其中完整或较完整的仅有30多个个
体，大约只占总数的1/5。

◆ 恐龙公墓

(2)综观化石现场，除埋藏丰富、保存完整等容易被人发现的特征外，有一种不易被人所注意的普遍现象是，靠近上部或地表的化石较破碎零散，大都是恐龙的肢骨，而且很像经过搬运后被磨蚀得支离破碎的样子；同时越是接近上部岩层，小化石越多，如鱼鳞、各种牙齿遍及整个化石现场，翼龙、剑龙与蛇颈龙的椎体也十分零星，并具有从南到北依次从多到少的分布规律。下部岩层则几乎都是体躯庞大的蜥脚类恐龙，保存都不完整，很明显是经过搬运后的结果。

◆ 剑龙

(3)砾石层的发现是研究沉积环境的重要根据。大山铺发现的砾石均位于化石层的底部，从其特征判断是经过搬运的产物，可能与恐龙化石群的形成有密切关系。

3.综合论

多数的科学家认为，大山铺恐龙公墓中大部分化石是搬运后被埋藏下来的，也有少部分为原地埋藏，因此这是一个综合两种成因而形成的恐龙墓地。本区恐龙与其他脊椎动物为何如此丰

富？如果只有恐龙一个家族在此埋藏，
两种理论可能都比较容易理解，但是除
恐龙外，这里还有能飞行的翼龙以及水
中生活的蛇颈龙、槽齿两栖类等，它们
的生活环境各不相同。地质研究证明，
侏罗纪中期的大山铺是一个洪泛平原，
这些古老的爬行动物也可能和现生动物
一样，对生活环境具有明显的选择性。
恐龙中性情温和的蜥脚类恐龙常常成群
结队生活于地形较低的湖滨平原上；剑
龙喜居于距湖滨稍高而常年蕨类丛生的
山林中；鸟脚类恐龙以其形态结构轻

巧灵活又善于奔跑的特点，活跃于较高的台地上。其他脊椎动物，如翼龙，仅能在湖岸林间作低空飞行。恐龙与这些脊椎动物的生活环境和习性有着极大的区别，但它们为何会集中埋藏到一起呢？大概只能是经搬运从不同地点转移过来的。但是为什么又有许多完整的化石骨架呢？这显然又是原地埋藏的产物。最后，这种种现象看来只能有一种解释，即大山铺"恐龙公墓"的成因是原地埋藏和异地埋藏两种方式综合而成。

❀ 最后灭亡的恐龙 ⟫⟫⟫

作为一个大的动物家族，恐龙统治了世界长达1亿多年。但是，就恐龙家族内部而言，各种不同的种类并不全都是同生同息，有些种类只出现在三叠纪，有些种类只生存在侏罗纪，而有些种类则仅仅出现在白垩纪。对于某些"长命"的类群来说，也只能是跨过时代的界限，没有一种恐龙能够从1亿4千万年前的三叠纪

晚期一直生活到6500万年前的白垩纪末。

　　也就是说，在恐龙家族的历史上，它们本身也经历了不断演化发展的过程。有些恐龙先出现，有些恐龙后出现；同样，有些恐龙先灭绝，也有些恐龙后灭绝。

那么，最后灭绝的恐龙是哪些呢？显然，那些一直生活到了6 500万年前大灭绝前"最后一刻"的恐龙就是最后灭绝的恐龙。它们包括了许多种。其中，素食的恐龙有三角龙、肿头龙、爱德蒙脱龙等；而肉食恐龙则有霸王龙和锯齿龙等。